LES ÉTATS-UNIS

ET

LA RUSSIE

CONSIDÉRÉS

AU POINT DE VUE DE LA GRANDE CULTURE

ET DU TRAVAIL LIBRE

PAR

CH. L. FLEISCHMANN

Ancien consul des États-Unis.

PARIS,
LIBRAIRIE A. FRANCK,
67, RUE RICHELIEU.

1858

LES ÉTATS-UNIS

ET

LA RUSSIE

CONSIDÉRÉS

AU POINT DE VUE DE LA GRANDE CULTURE

ET DU TRAVAIL LIBRE.

LES ÉTATS-UNIS

et

LA RUSSIE

AU POINT DE VUE DE LA GRANDE CULTURE

ET DU TRAVAIL LIBRE

CH. L. FLEISCHMANN

PARIS,

LIBRAIRIE A. FRANCK,

1858

AVANT-PROPOS.

L'auteur de ce petit écrit, ancien consul des États-Unis en Allemagne, a eu de nombreuses occasions de constater que les émigrants européens qui affluent en Amérique manquaient généralement de notions exactes sur l'état de l'agriculture, du commerce et de l'industrie dans les États de l'Union du Nord. Le désir d'être utile à ces émigrants, aux Allemands surtout, auxquels le rattache une communauté d'origine, l'a déjà conduit à publier deux ouvrages(1), dont le but est de répandre dans les pays qui fournissent le plus fort contingent aux émigrations annuelles des renseignements d'une complète exactitude sur les conditions du travail dans les États de l'Union et de combattre l'opinion, malheureusement beaucoup trop accréditée, qu'il suffit d'arriver en Amérique pour devenir riche ; que cette nouvelle Hespérie favorise également tous les hôtes qui lui arrivent.

---

(1) *Der Amerikanische Landwirth*, New-York und Frankfurt am Main, 1847. — *Erwerbszweige Fabrikwesen und Handel der Vereinigten Staaten*, Stuttgart, 1850.

Il a été également à même de reconnaître, non sans quelque surprise, que les classes pauvres ne sont pas les seules en Allemagne chez lesquelles on ne trouve que des notions très-imparfaites sur l'Amérique. Des idées très-erronées se sont aussi propagées parmi les personnes qui ont reçu une éducation bien plus élevée que celle des travailleurs. Mais chez ces personnes l'erreur est d'une autre nature. Elles s'exagèrent généralement les difficultés que rencontrent les émigrants dans leurs premiers essais d'établissement. C'est avec une sorte d'effroi qu'elles les voient disposés à s'établir dans la solitude des forêts ou à portée des armes des sauvages. Contestant jusqu'à l'évidence des faits accomplis, se rappelant combien il a fallu de siècles pour amener l'Europe à son état actuel de civilisation, elles ne peuvent admettre la réalité du progrès régulier, du développement rapide des nouveaux États de la jeune Amérique. Sous l'influence de ces idées, les personnes auxquelles l'auteur fait ici allusion croient devoir combattre le goût des émigrations et proclamer bien haut que le succès ne récompense que rarement les rudes labeurs des nouveaux colons.

La vérité, comme il arrive si souvent pour les choses humaines, se trouve entre ces deux opinions extrêmes.

Un autre fait, bien digne de remarque, a vivement impressionné l'auteur de cet écrit, à l'époque de l'exposition universelle qui a eu lieu à Paris en 1855. L'honneur qu'il a eu de représenter, pendant ce magnifique concours, un des États de l'Union les plus avancés dans l'agriculture comme dans les autres industries, celui de New-York; les doubles fonctions de commissaire pour cet État et de membre du jury des récompenses qu'il a été appelé à remplir, lui ont donné occasion de constater que les principaux résultats de la marche progressive de l'industrie et de l'activité américaines étaient presque inconnus en France et quelques parties de l'Europe. L'étonnement presque général des Français de toutes les classes à la vue de machines agricoles ou autres qui fonctionnent en Amérique depuis plus de vingt ans, au grand avantage de tout le pays, était de nature à faire naître bien des réflexions. Cependant le cachet de nouveauté, d'originalité de ces inventions, dont les concours européens n'avaient pu donner une idée et qui se voyaient en France pour la première fois, excita vivement la curiosité et l'intérêt des Français qui fréquentaient l'exposition. Ils en apprécièrent promptement le mérite, et si c'est avec surprise, c'est aussi avec les sentiments de justice et de bienveillance générale qui distinguent leur pays entre tous, qu'ils ont applaudi en cette occasion aux pas immenses que l'Amérique a faits dans la voie du progrès, et qu'elle continuera à faire par une conséquence naturelle du génie inventif et de la persévérante activité de ses habitants.

On pourrait s'étonner à juste titre de trouver des notions aussi imparfaites de l'état de l'industrie américaine chez une nation que la puissance de la vapeur ne laisse plus qu'à dix jours de distance de New-York, et qui entretient avec les diverses parties de l'Union des relations commerciales très-étendues. Mais on peut en même temps admettre que d'autres contrées européennes, et surtout la Russie, qui a des relations moins directes et moins suivies avec les États-Unis, doivent ne connaître que plus imparfaitement encore les progrès de l'Amérique et les causes réelles de la prospérité croissante des nouveaux États.

C'est d'après cette conviction qui nous paraît fondée, et avec un sincère désir d'être utile, que l'auteur de cet écrit s'est décidé à le livrer à l'impression.

Son but est de présenter, dans un cadre resserré, aux

propriétaires des contrées centrales du vaste empire moscovite, une idée générale du système de grande culture qui est généralement appliqué dans les fertiles vallées de l'Ohio et du Mississipi, système qu'il a été donné à l'auteur d'étudier sur les lieux mêmes, et dont la propagation peut devenir d'une immense utilité au moment où la grande mesure de l'émancipation des serfs va produire une révolution complète dans l'économie agricole de la Russie.

L'auteur n'oublie pas que, depuis un siècle, l'agriculture y a fait beaucoup de progrès. Chacun sait que le gouvernement russe a fait les plus louables efforts pour améliorer cette importante industrie dans les diverses contrées de l'empire. La création d'écoles spéciales et de fermes modèles, les encouragements de toute nature témoignent assez du vif intérêt qu'elle lui inspire. Les propriétaires des grands domaines ont contribué de leur côté par d'intelligentes mesures à propager la connaissance des meilleurs systèmes de culture. Ils ont envoyé des hommes capables étudier en Angleterre et en Allemagne tous les progrès accomplis, soit pour la culture proprement dite, soit pour le matériel de l'exploitation, soit pour l'amélioration des races d'animaux domestiques. Ces études, en effet, sont d'une grande importance pour arriver à la culture soignée. On ne peut douter qu'elles n'aient déjà produit d'excellents résultats.

Aussi ce petit écrit s'adresse spécialement aux grands propriétaires des provinces de l'intérieur, provinces éloignées des centres de population, souvent même des grandes voies de communication, et qui ont le plus grand intérêt à connaître le système américain pour une exploitation plus avantageuse de leurs vastes terres, lesquelles ont certainement plus d'un point de ressemblance avec les vallées et les prairies immenses où les courageux pionniers de l'Amérique ont introduit les instruments aratoires si nécessaires à la grande culture.

C'est pour être utile aux propriétaires de la Russie centrale qu'il a rédigé ces observations et ces conseils, résultat d'une longue expérience, et il se regardera comme amplement récompensé s'il apprend qu'ils ont contribué pour une faible part au développement de l'agriculture et de la prospérité d'une partie de ce vaste empire.

LES ÉTATS-UNIS

ET

LA RUSSIE

CONSIDÉRÉS

AU POINT DE VUE DE LA GRANDE CULTURE

ET DU TRAVAIL LIBRE.

La plus grande, la plus philanthropique des œuvres que puissent mentionner les annales des peuples et des souverains, s'accomplit au milieu des graves préoccupations de l'époque actuelle.

Le czar de toutes les Russies a résolu d'émanciper les serfs de ses vastes États.

Dans plusieurs gouvernements sa généreuse initiative est déjà devenue presqu'une réalité. Il y a tout lieu de penser que les autres parties de l'empire suivront bientôt cet exemple et répondront dignement aux intentions comme à la confiance de leur souverain.

La gloire acquise dans les combats par les plus illustres guerriers des temps anciens et modernes est moins pure, moins désirable que celle qui rejaillira, en retour d'un si grand acte, sur le nom d'Alexandre II. La reconnaissance de ces millions de serfs élevés par sa volonté au rang des sujets libres de son empire, celle de leurs nombreux descendants surtout, portera son nom à la postérité la plus reculée et, sans attendre cet avenir, les générations actuelles verront se développer successivement les heureux résultats de l'émancipation pour la nation russe et pour l'humanité tout entière.

Mais les grandes transformations, les progrès éminents des sociétés humaines, ne peuvent pas se réaliser sans donner naissance à quelques embarras momentanés. Un changement aussi considérable dans la position sociale d'un si grand nombre des sujets de l'empire, dans les habitudes créées par l'institution déjà si ancienne du servage, entraînera nécessairement d'autres modifications dans l'organisation industrielle et agricole de la Russie. Parmi toutes les branches du travail, c'est l'agriculture qui sera la plus affectée par l'effet de ces nouvelles conditions économiques, et probablement même par le déplacement des bras qu'elle avait coutume d'employer. Comme elle est la base de la prospérité de chaque État, la source toute spéciale pour la Russie de la richesse publique et particulière, il devient de la plus haute importance de chercher à prévoir les embarras transitoires qui pourront résulter pour elle de l'émancipation des serfs et d'indiquer les moyens de les surmonter. Il faut surtout que les grandes exploitations agricoles du pays n'éprouvent aucune suspension, aucun temps d'arrêt, de manière que la production générale, au lieu de diminuer, continue à prendre au contraire l'extension successive que réclameront bientôt les nouveaux besoins d'une nation chez laquelle les accroissements de la population, de l'aisance générale et des consommations, suivront inévitablement ceux des lumières, du travail libre et de l'infatigable activité qui en est la première conséquence.

D'autres contrées présentent, sous le rapport des conditions de la culture, des circonstances presque semblables. Les terres fertiles y abondent, mais les bras de l'homme manquent pour les travaux les plus nécessaires, et cependant les habitants parviennent à exploiter leurs terres avec le plus grand succès.

L'un de ces pays est l'Union américaine du Nord. Par la nature et par la grandeur de son territoire, il offre des analogies frappantes avec la Russie. Comme cet empire, l'Union possède un territoire immense, mais peu peuplé ; des terres très-fertiles, mais couvertes de forêts vierges ou de prairies presque sans limites. De vastes lacs baignent ces contrées et les grands fleuves qui les traversent, après avoir donné la vie à d'immenses étendues de pays, vont mêler leurs eaux à celles des divers océans qui ne sont plus eux-mêmes, pour le génie de l'homme civilisé, que les grandes routes du commerce du monde. Ces deux empires enfin sont éminemment agricoles et en voie d'un développement qui les conduira, dans un avenir très-rapproché, aux résultats les plus remarquables. Ils sont appelés particulièrement, sous le point de vue de l'abondance des produits agricoles, à se placer en tête des nations des deux continents respectifs.

Il est à propos de faire remarquer à ce sujet que le développement si rapide, si inouï, de la prospérité des États-Unis est dû aux efforts persévérants de sa population agricole. Elle a su livrer au soc de la charrue les riches terrains que couvraient, il y a peu d'années encore, des forêts presque impénétrables. Elle a porté hardiment la civilisation au milieu de ces immenses prairies, où des troupes innombrables de buffles paissaient hier encore en toute liberté, n'ayant à craindre que les flèches des tribus sauvages dont l'existence reposait sur les produits de leur chasse.

Les succès obtenus par ces pionniers de la civilisation ont bientôt attiré l'attention des peuples de l'Europe, et un flot toujours croissant d'émigrés est venu sans cesse accroître le nombre des cultivateurs et des travailleurs dans toutes les branches de l'industrie humaine. Dans le cours d'un demi-siècle, le chiffre de la population s'est élevé, à partir de quelques millions, jusqu'à trente millions. Dans le même laps de temps, ce peuple énergique a doublé le nombre de ses États, bâti des villes immenses, creusé des canaux gigantesques et sillonné tout son territoire de chemins de fer. Son commerce exige déjà l'entretien d'une marine marchande supérieure à celle de l'Angleterre, tant pour son tonnage général que pour le nombre de ses navires.

La Russie possède tous les éléments d'une prospérité analogue; elle peut, elle doit aspirer aux mêmes progrès agricoles et industriels ; sa proximité des contrées de l'Europe où la densité et la richesse des populations assurent à ses produits agricoles un débouché facile et avantageux, la place même, à beaucoup d'égards, dans une position plus favorable encore que celle des États-Unis.

Il lui importe donc infiniment de bien connaître les moyens que les intelligents cultivateurs de l'Union ont employés pour défricher leurs terres avec un nombre de bras très-restreint et pour en tirer de si abondantes ressources. Ces moyens consistent principalement dans une habile progression du travail, dans la substitution de la force mécanique et de la vapeur à celle de l'homme et des animaux, et dans l'art de réduire leurs produits au plus petit volume, pour en faciliter le transport sur toutes les routes du commerce.

LA GRANDE CULTURE DANS LA VALLÉE DU MISSISSIPI.

La vaste région centrale des États-Unis, qui s'étend depuis les Alleghanies jusqu'au pied des montagnes Rocheuses, depuis les régions arides du Nord jusqu'au golfe de Mexique, comprenant une surface de 1,250,000 milles anglais carrés environ, est arrosée par le Mississipi (1), ce roi des fleuves, et ses nombreux affluents. Cette vallée immense est couverte, à

---

(1) La longueur du parcours du Mississipi est, selon M. Nicolet, de 2986 milles anglais, depuis sa source jusqu'au golfe du Mexique.

l'orient surtout, de forêts superbes et de prairies fertiles, au milieu desquelles le voyageur marche des journées entières sans rencontrer un arbuste, si ce n'est sur les rives des cours d'eau qui les sillonnent. Ces prairies sont d'une nature très-variée. Leur surface, qui paraît au premier aspect unie, comme la mer dans un temps de calme, est néanmoins accidentée de loin en loin par des ondulations de terrain. Elle semble avoir servi de lit à de grands lacs dont les eaux ont successivement rompu leurs barrières et se sont écoulées dans le Mississipi, en emportant avec elles une partie des richesses végétales, qu'elles déposèrent sur leur chemin vers le golfe de Mexique, dans la Louisiane surtout, en riches couches alluviales, dont la profondeur atteint en certains endroits plus de cent pieds. Avec l'aide des siècles, les lits desséchés de ces grands lacs se sont couverts insensiblement d'autres couches végétales, dont l'épaisseur varie de quelques centimètres à deux mètres et plus.

Vers les montagnes Rocheuses, les prairies se trouvent en certains endroits presque dépourvues de toute terre végétale; leur sol sec, sablonneux, n'est recouvert que d'un peu de terre noire; mais la surface de la plus grande partie de ces plaines présente des couches de terres végétales très-considérables, sur lesquelles croît spontanément une espèce de graminée qui atteint la hauteur du seigle, et dont les épis chargés de grains servent de nourriture aux oiseaux. La plante fournit aux buffles et aux chevaux sauvages une pâture abondante. En automne, les Indiens mettent le feu aux herbes sèches pour chas-

ser le gibier, et la flamme dévore avec une ra-
pidité effrayante tout ce qui reste sur pied de ces
immenses moissons naturelles. Mais il résulte forcément de cet usage que toutes les plantes d'une
nature vivace, les arbres et les arbustes sont arrêtés
dans leur croissance et disparaissent entièrement de
ces vastes plaines.

La terre de prairie proprement dite est d'une nature légère. Quand elle repose sur un sous-sol sablonneux, elle est loin de convenir autant pour le froment
et le maïs que lorsqu'elle se trouve placée sur un
sous-sol argileux. Mais, en général, elle est très-fer-
tile et propre surtout à la culture des plantes fourragères.

C'est vers ces terres éloignées que se sont di-
rigés et continuent à le faire les hardis pionniers de
la civilisation, poussant devant eux les Indiens et
les bêtes fauves, et indiquant aux colons qui les
suivent les endroits les plus propres à fonder leur
établissement. C'est sur les bords de rivières que se
porte d'abord la population, parce que c'est là qu'elle
trouve du bois et un débouché naturel pour ses
produits. Bientôt la colonie s'agrandit et s'étend en
recevant des renforts abondants sur une partie de
ces plaines incommensurables. Il est à remarquer
d'ailleurs que le sol des prairies situées sur la rive
orientale du Mississipi présente souvent de riches
mines de charbon de terre dont l'exploitation n'offre
aucune difficulté; la nature semble ainsi avoir tout
prévu pour faciliter dans ces régions les grandes entreprises agricoles; c'est à l'énergie et à l'industrie de

l'homme qu'il appartient de développer tant de richesses.

Le premier défrichement est toujours long et difficile; il s'exécute au moyen de charrues attelées de quatre à cinq paires de bœuf, qui creusent des sillons de seize à vingt-quatre pouces de largeur. Il faut toute une journée de travail pour préparer ainsi un acre et demi ou deux acres, tout au plus, de terrain. Au printemps, on sème du maïs sur les bords du second ou troisième sillon, et quand le grain arrive à maturité, on abandonne à des troupes de porcs le soin d'en faire la récolte.

La seconde année, c'est-à-dire l'année qui suit le défrichement, le labour s'exécute aussi à la charrue; il suffit de deux chevaux, souvent d'un seul, pour préparer cette terre d'une nature légère à recevoir la semence du froment.

L'automne est d'ailleurs la saison la plus favorable pour le cultivateur des prairies américaines. Les circonstances de climat lui donnent deux mois pour ensemencer ses terres, et il n'est pas rare de voir labourer et ensemencer mille acres et plus de terrain par quelques hommes, aidés d'un petit nombre de chevaux ou de bœufs.

Les grandes chaleurs des premiers jours du printemps hâtent la maturité des récoltes qui ont lieu presque en même temps, bien que l'ensemencement ait été fait à des époques différentes. Voilà donc des myriades d'épis, s'inclinant en pleine maturité et promettant au cultivateur la récompense de ses efforts; mais il faut que toutes ces richesses soient coupées, mises en javelles et à couvert en temps opportun. Quelle tâche! que de bras il faudrait pour l'accomplir! et ces bras où les prendre, dans une contrée encore peu peuplée et où tout le monde est occupé en même temps aux mêmes travaux? Que de magnifiques récoltes ont souvent été perdues, faute de bras, dans les fertiles régions de l'Ohio, d'Indiana, etc.!

Mais, heureusement, l'esprit inventif des Américains ne se décourage pas devant les obstacles. Les graves difficultés mêmes ne font qu'exciter ses efforts, et dans cette circonstance surtout, on les a vus se mettre à l'œuvre avec résolution, chercher à remplacer l'armée de travailleurs qui manquent par des ressources qu'ils puisent dans leur propre génie, et bientôt, comme une juste récompense de bien des expériences avortées, de mille déceptions de toute nature, le monde agricole a pu saluer enfin de ses applaudissements cette machine si désirée, si attendue, qui coupe et moissonne mieux que ne peuvent le faire les bras d'une légion de travailleurs. Vingt-sept ans de succès mettent déjà hors de doute son incontestable valeur. Dès cette apparition, il n'a plus été question de récoltes perdues et les produits de l'agriculture américaine ont atteint rapidement une proportion colossale.

Malgré ce grand perfectionnement, le cultivateur américain ne se trouve pas encore en mesure d'accomplir toute sa tâche en temps utile. Voilà bien ses champs dépouillés de leurs épis, et couverts de meules riches d'espérances; il lui importait encore d'en tirer sans retard tout le grain. Emploiera-t-il le fléau ou la méthode plus barbare encore du dépiquage? Non certes, ces moyens exigent trop de de bras et trop de temps. Le colon américain s'est empressé d'adopter et de promener de meule en meule ces machines mobiles qui séparent le grain des épis, et le nettoient en même temps, de manière à le mettre de suite en état d'être présenté sur les marchés.

Quand une de ces colonies naissantes, attachées d'abord aux bords d'un fleuve, a atteint un trop grand développement de population, elle en jette d'autres dans le cœur du pays. Les pâturages deviennent alors plus restreints. Bientôt même les terres commencent à montrer les signes d'une fatigue inévitable, après une série de récoltes faites sans interruption. Le colon passe alors à des assolements plus rationnels; un système de culture régulier s'établit, comme on en trouve dans les anciens États de l'Est. Peu à peu, les colons remplacent les huttes par des maisons plus confortables. Les bêtes trouvent dans des étables un abri contre les rigueurs de l'hiver. On plante des vergers; on dessine des jardins. Les villages s'alignent sur le bord des eaux, et de simples bourgades prennent en peu de temps les proportions de villes, où vont s'échanger rapidement les produits agricoles pour des denrées nécessaires aux colonies, et tout l'excédant des récoltes est chargé sur des bateaux, pour être transporté dans les grands centres de consommation et de commerce.

Le développement progressif de l'agriculture appelle et suit bientôt d'autres industries dans la contrée. Des usines variées s'établissent, les machines à vapeur se multiplient, et des régions qui n'étaient connues il y a quelques années que des sauvages Indiens se trouvent changées comme par enchantement en États populeux et florissants.

Le développement progressif de ces colonies des vallées du Mississipi est dû principalement à l'efficacité des moyens qu'emploient les colons américains pour défricher les terres vierges et leur faire produire en peu de temps, à peu de frais, et avec un petit nombre de bras, des récoltes qui, converties en produits de toute espèce, les indemnisent largement, déduction faite des frais de transport et autres, de toutes leurs peines et de tous leurs travaux.

LES ASSOLEMENTS.

Le but de tous les cultivateurs doit être de produire à bon marché, d'une manière permanente et sans épuiser le sol par des récoltes forcées, qui, sans avoir la puissance d'enrichir les pères, causent souvent la ruine de leurs enfants.

Pour produire à bon marché, il faut une parfaite économie dans tous les travaux de la culture en général, et dans la production comme dans l'emploi des engrais.

Les cultivateurs américains cherchent à résoudre ce problème :

1° Par des assolements rationnels en rapport avec le climat, le sol, les diverses circonstances locales ;

2° En remplaçant le fumier par des engrais verts, par les excréments déposés par les animaux dans les champs où ils paissent et s'engraissent; enfin , par des labours profonds et réitérés;

3° En substituant aux bras de l'homme et au travail des bêtes les machines aratoires et la force de la vapeur;

Et 4°, en réduisant les produits agricoles au plus petit volume pour en faciliter le transport.

Il serait difficile d'établir avec une entière précision la loi des assolements en usage dans la grande culture américaine, car le cultivateur des États de l'Union est forcément amené à donner la préférence, suivant les conditions de sol et de climat, aux systèmes qui demandent l'emploi du plus petit nombre de bras humains, ainsi que des bêtes de trait. Et d'ailleurs, dans les terres alluviales, les récoltes se succèdent sans relâche, sans qu'il soit nécessaire d'y jeter le moindre engrais, tandis que dans les terres moins fertiles, moins riches en humus, et que de trop fréquentes récoltes finissent par épuiser, on a dû adopter un système d'assolement ayant pour but de restituer au sol les principes qu'il a perdus, et dont les cultures ne demandent que peu de labour au printemps , saison trop courte et rarement favorable aux travaux agricoles dans l'Amérique du Nord.

Voici toutefois les principes le plus généralement adoptés dans la grande culture:

1° Une ou plusieurs années de plantes fourragères, après deux récoltes successives de céréales;

2° Restitution au sol, au moyen d'engrais verts, de

páille et d'excréments d'animaux, des principes absorbés par les diverses récoltes.

La rotation des cultures le plus en usage comprend une période de six à sept années, dont les récoltes se succèdent dans l'ordre indiqué ci-après :

1re Maïs ; 2e orge ou avoine avec trèfle ; 3e trèfle ; 4e froment avec *Phleum pratense* ; 5e et 6e prés artificiels ; 7e pâturage.

Le maïs ne demande pas d'ailleurs beaucoup de travail à la fois : on le sème au printemps dans les sillons préparés pendant l'automne, en laissant entre les lignes une grande distance ; dès que les jeunes plantes paraissent, le travail intermédiaire commence. Il s'exécute à la charrue, et dans un moment où les ensemencements du printemps sont achevés.

Dans les champs d'orge ou d'avoine, on jette habituellement de la graine de trèfle, qui, l'année suivante, rapporte une première coupe qui est employée comme fourrage ; la seconde récolte est enfouie par la charrue, et l'on sème là-dessus du froment ou du seigle, avec du *Phleum pratense*, ou d'autres semences de plantes fourragères analogues.

Les prés artificiels se fauchent pendant deux années consécutives ; la troisième année, on les laisse en pâturages jusqu'à l'automne. A cette époque, on enfouit le gazon dans le sol, qui se trouve prêt alors à recevoir le maïs au printemps suivant.

Les grands cultivateurs américains font peu d'usage de la paille pour litière ; ils laissent la moitié de la tige sur pied ; cette manière de faucher a l'avantage d'empêcher que les javelles ne touchent la terre. La récolte sèche plus vite et le travail de battage se trouve diminué de moitié. Les gerbes sont ramassées et mises en meules dans les champs, en attendant le moment favorable pour les livrer à la batteuse. La paille restée sur place est donnée en nourriture aux animaux ; ce qu'ils ne consomment pas est brûlé , et les cendres en sont répandues dans les champs; par ce moyen, toute la silice enlevée par la végétation des céréales retourne au sol.

En été et quand le temps est favorable, on parque les moutons dans les champs. En hiver, on les tient dans les étables, mais avec très-peu de litière, afin d'éviter un double transport, celui de la paille dans les étables et celui du fumier dans les champs. On suit à peu près la même marche pour le gros bétail. Quant au fumier des étables, il est soigneusement réparti aux champs de maïs ou sur une autre culture.

PRODUITS AGRICOLES.

Les principaux produits agricoles des États-Unis sont: le maïs, le froment, le seigle, l'orge, l'avoine, le foin, le riz, le coton, le tabac et le sucre.

La culture des céréales appartient presque entièrement aux États du Nord; celle du coton, du tabac et du sucre, aux États du Sud qui ont conservé l'esclavage.

Maïs. — On cultive le maïs presque partout, sur la frontière du Canada et dans les États du centre, et dans ceux de l'extrême Sud ; mais dans le Nord, il ne forme pas la production principale comme dans les États du centre. Les gelées du printemps et de l'automne lui sont nuisibles. Le maïs qu'on y cultive est une espèce précoce, connue sous le nom de *Canada-Corn*.

Le Maryland, la Virginie, le Tennessee, le Kentucky, l'Alabama, l'Ohio, l'Indiana, l'Illinois, et tout le territoire situé sous la même latitude sur l'autre rive du Mississipi, forment la région où le maïs parvient à son plus grand développement.

Son rendement est tel qu'il n'est pas rare, dans les terres alluviales des vallées de l'Ohio, du Mississipi et du Missouri, d'obtenir 100 boisseaux et même 195 boisseaux (1) par acre (2); mais en moyenne, on calcule 50 boisseaux par acre.

On emploie dans la culture du maïs divers instruments très-simples et très-ingénieux : le semoir à mains, le semoir conduit par un cheval, la houe, la charrue au maïs, les machines à couper, à égrener, à moudre.

Dans chaque région, selon le climat et la nature du sol, on choisit et on cultive la variété de maïs dont l'expérience a établi la supériorité dans ces circonstances locales. Quant aux détails mêmes de la culture, le lecteur est prié de recourir au traité connu sous le titre de *Cultivateur américain* (3).

La production annuelle, dans toute l'étendue de l'Union, est estimée, suivant les données de l'an dernier, à 600 millions de boisseaux (bushels), et cette

---

(1) Le boisseau (bushel), 36,35 litres.

(2) L'acre, 0,404,671 hect.

(3) *Der Amerikanische Landwirth*, von C. L. Fleischmann, Frankfurt am Main, 1847, chez G. F. Heyer.

production ne peut qu'aller en augmentant en raison de l'accroissement de la population dans les vallées du Mississipi. Le maïs doit la préférence qu'il obtient sur les autres céréales à ses éminentes qualités ; il a un rendement plus grand ; sa culture est facile et demande moins de bras et d'animaux. La plante elle-même résiste mieux aux attaques des insectes et aux influences du climat que le froment et les autres céréales. Le maïs se convertit facilement en farine ; il est employé pour faire du pain et divers mets. C'est la nourriture presque exclusive du cultivateur. Il n'est point de pays au monde où la culture de cette précieuse plante soit aussi étendue et si bien comprise que dans les États-Unis. Tout, ou presque tout ce maïs trouve son emploi sur place, et dans les plus grandes disettes qui soient survenues en Europe, l'exportation en grains ne s'est pas élevée à plus de trois pour cent sur la totalité des récoltes ; aussi les cultivateurs ont grand soin d'appliquer cette masse de grains à des résultats plus avantageux, et le surplus de la consommation annuelle sert à engraisser les animaux, et à préparer des alcools ou du whisky.

Froment. — Après le maïs, le froment forme la culture la plus considérable et un des principaux articles d'exportation. Dans l'année 1850-51, l'exportation de cette denrée s'est élevée à 1,026,725 bushels en grains et 2,202,335 barrels (barils) (1), en farine. Le produit annuel est évalué à 150 mil-

---

(1) Un barrel contient 90 kilog. de farine.

lions de bushels, produit qui va toujours croissant à mesure que la population augmente sur les vastes terres situées à l'ouest du Mississipi.

Dans les États de New-York, New-Jersey, Pensylvania, Delaware, Maryland, Virginia, Ohio, Kentucky, Michigan, Indiana, Illinois, Missouri, Wisconsin et Iowa, la culture du froment se pratique sur une très-grande échelle.

La culture du froment ne donne pas toujours des résultats aussi satisfaisants que celle du maïs ; de vastes régions sont souvent ravagées par l'insecte connu sous le nom de mouche de Hesse (Céudomyia destructor) ; il arrive encore que les jeunes pousses sont détruites par un changement trop subit dans la température en hiver ou par des sécheresses qui se manifestent trop souvent vers la fin du printemps.

Seigle. — Le seigle entre pour une très-faible proportion dans la production générale ; les Américains en font très-peu usage pour leur pain, et la plus grande partie de la récolte annuelle de cette denrée, évaluée à environ 14 millions de bushels, est employée à nourrir les chevaux ou sert dans les distilleries à la fabrication d'une certaine eau-de-vie de seigle (Rye whisky) qui est fort estimée. Enfin, une très-petite partie est livrée en farine à l'exportation.

Avoine. — La culture de l'avoine est réservée aux terres centrales de l'Ouest et du Nord.

La production annuelle évaluée à 150 millions de bushels, qui se consomment presque intégralement dans le pays pour la nourriture des chevaux.

Orge. — La production de l'orge ne s'élève pas annuellement à plus de 8 à 9 millions de bushels, qui sont consommés entièrement dans le pays pour la fabrication de la bière ou distillés avec le maïs et le seigle.

Chanvre et lin. — Dans les États libres où se pratique la grande culture, on récolte aussi un peu de chanvre, mais en petite quantité pour entrer en ligne de compte avec les autres produits d'exportation. La production de cette plante textile est même tellement loin de suffire aux besoins du pays, que la Russie lui en fournit annuellement une quantité considérable.

On cultive aussi le lin, mais seulement pour la graine qui sert à la fabrication de l'huile de lin.

Les émigrants allemands et irlandais en utilisent les tiges. Les Américains ne les emploient pas; chez eux les tissus de coton remplacent presque entièrement les tissus fabriqués avec le lin ou le chanvre.

Le riz, le tabac, le coton et le sucre sont des produits des États du Sud où la culture se fait exclusivement par les esclaves; si nous en disons ici quelques mots, c'est uniquement afin de compléter le tableau de la production agricole aux États-Unis.

Riz, tabac, coton. — La production annuelle de riz est évaluée à 215 millions de livres; celle du tabac à 200 millions; celle du coton, qui au commencement de ce siècle ne s'élevait pas à plus de 17,000,000 de livres, peut s'évaluer maintenant à un milliard.

Canne à sucre. — La canne à sucre se cultive

principalement dans la Louisiane et donne en produits 250 millions de livres de sucre, et environ 10 millions de gallons (1) de mélasse. On peut consulter pour la culture de cette plante et pour la fabrication du sucre de la Louisiane un travail de l'auteur qui a été inséré dans les rapports officiels du *Patent Office* des États-Unis en 1848.

Sucre d'érable. — La fabrication du sucre d'érable dans les États du Nord s'élève annuellement à 50 millions de livres; celle du sucre de betterave n'a jamais été bien sérieusement essayée, en raison de la cherté de la main-d'œuvre qu'elle exige.

Sorghum. — Depuis deux ans, on s'occupe de la culture du HOLCUS SACCHARATUM, qui promet de remplacer la canne à sucre. Si cet essai réussit, les États du Nord pourront pourvoir à leur consommation de sucre, qui est journellement très-considérable dans toutes les classes de la société pour le thé, le café, les confitures, les pâtisseries, etc.

La richesse du sorghum en matière saccharine est très-remarquable et ne saurait plus être contestée. La seule difficulté de la fabrication est de tirer de cette plante tout le sucre cristallisable qu'elle peut donner.

Nous croyons pouvoir affirmer que le sucre dépend du degré de maturité de la plante; si on la coupe trop tôt, il arrive, comme pour la canne à sucre à la Louisiane, que les produits cristallisables restent faibles. La fabrication du sucre sorghum se-

---

(1) Le gallon égale 4,54 litres.

rait bien plus facile à introduire au sud de la Russie que celle du sucre de betterave, et tout indique même qu'elle pourrait y réussir parfaitement.

Les plantes fourragères que les États de l'Amérique cultivent de préférence sont : le trèfle rouge et le trèfle blanc, le Phleum pratense, connu sous le nom de Timoty ou Herd-grass. Les plus grandes parties des prairies artificielles présentent du Phleum. Il y a aussi des plantes indigènes, comme l'Agrostis vulgaris et le Poa compressa, qui sont cultivées pour fournir des pâturages ou des fourrages secs. Le foin destiné à approvisionner les marchés est comprimé en balle carrée et entourée de cercles de bois.

INSTRUMENTS ARATOIRES.

Les instruments aratoires les plus importants qu'emploie la grande culture américaine sont :

La charrue ;

La moissonneuse ;

La batteuse à vapeur ou à manége.

Avant la grande exposition universelle de Londres en 1851, les Anglais étaient considérés comme les inventeurs les plus remarquables et les constructeurs les plus habiles d'instruments aratoires. Ils ne pouvaient pas prévoir que les habitants de leurs anciennes colonies surpasseraient la mère patrie en bien des choses, et surtout dans l'application de la science mécanique à l'agriculture et dans la substitution des machines aux bras humains.

La collection exposée de machines américaines

en 1851 à Londres, peu nombreuse mais pleine
d'originalité, a montré pour la première fois aux
Européens la résolution d'un des problèmes les plus
importants pour l'agriculture, celui du sciage mécanique des blés, exécuté avec toute la perfection
désirable. Les membres formant le corps du jury
n'ont pas hésité à reconnaître dans ces instruments
une supériorité incontestable sur les productions du
génie anglais, et, en dépit de toute rivalité, la grande
médaille d'honneur a été décernée à la moissonneuse
américaine. Quatre ans plus tard, à l'exposition de
Paris, deux machines de la petite collection américaine, la moissonneuse Mac. Cormick et la batteuse
de Pitts, ont été distinguées avec raison parmi une
foule de machines du même genre. La première a
obtenu la seule grande médaille d'honneur qui ait
été décernée, et la seconde, qui a eu à lutter contre
soixante machines rivales, et même contre les batteuses anglaises, qui jouissaient d'une ancienne ré-
putation, a été jugée à son tour digne du premier
honneur.

L'opinion du jury international de 1855 sur les
machines américaines trouve dans l'extrait suivant
de son rapport son expression la plus complète.
Il n'est pas sans intérêt de la rappeler ici, et nous
citons textuellement :

« Le progrès dans la construction des machines
» agricoles a pour résultat non-seulement de mieux
» faire faire les différents travaux auxquels ces ma-
» chines sont destinées, mais encore de les faire exé-
» cuter à meilleur marché et en économisant la main-

» d'œuvre. Substituer aux bras de l'homme la force
» des animaux, et mieux encore celle des moteurs
» inanimés, eau, vent ou vapeur; demander à
» l'homme l'intelligence et l'adresse, et multiplier
» par les machines la puissance de son action sur le
» sol et sur les produits de la terre, c'est le problème
» que résout notre époque. *Les peuples neufs* entrent
» avec une ardeur victorieuse dans cette voie qu'ont
» ouverte leurs devanciers. Ainsi l'Amérique rend
» tout d'un coup pratique la machine à moissonner
» qu'avaient rêvée les Romains, que s'étaient ingé-
» niés à ébaucher les cultivateurs de presque toutes
» les parties du vieux continent. Les livres d'agri-
» culture de toutes les époques donnaient des
» descriptions d'engins imparfaits, imaginés dans le
» but de dépouiller le sol de ses riches récoltes assez
» vite pour que les intempéries ne pussent pas tou-
» jours menacer de destruction les fruits de la terre
» au moment où le cultivateur se dispose à les re-
» cueillir. Mais, il y a quelques mois encore, on
» regardait comme chimérique l'espoir de pouvoir
» obtenir une machine qui laisserait la faux inactive.
» Un des principaux résultats de l'exposition de Paris
» aura été de montrer des machines à moissonner et
» à faucher qui font mieux le travail de la coupe du
» blé ou du foin que beaucoup de charrues ne
» labourent nos champs. L'exposition universelle de
» Londres avait fait croire que les agriculteurs amé-
» ricains trouvaient plus avantageux de couper
» imparfaitement tous les blés dorant leur vastes
» plaines, que d'en abandonner une partie en s'ef-

» forçant de bien moissonner le reste à bras d'homme.
» On disait : c'est une affaire de rareté de main-
» d'œuvre ; en Europe, où l'on a encore des bras pour
» faire la moisson, les machines à moissonner ne sau-
» raient servir. On croyait d'autant plus que l'on était
» dans le vrai en raisonnant ainsi, que les essais de la
» machine écossaise de Bell, qui, disait-on, était iden-
» tique avec les machines américaines, ne donnaient
» que des résultats très-peu satisfaisants. L'exposition
» universelle de Paris a fait voir que les agriculteurs
» américains, certainement poussés par les intérêts
» de leurs conditions économiques, avaient assez
» bien résolu le problème du moissonnage par les
» machines, pour pouvoir doter le monde entier de
» leurs puissants appareils. Les mêmes circonstances
» qui ont conduit à perfectionner les moissonneuses
» ont dû aussi engendrer les perfectionnements à
» l'aide desquels les machines à battre sont devenues
» si énergiques, si rapides, entre les mains des Amé-
» ricains. Récolter vite les gerbes de blé et en ob-
» tenir aussitôt du grain prêt à être vendu, c'est
» bien là la solution du problème des subsistances
» pour des populations essentiellement commer-
» çantes. »

Les instruments et les machines agricoles de l'Amérique sont supérieurs à tous les instruments connus, en raison de leur construction simple, solide et peu dispendieuse ; et surtout à cause de ce cachet d'utilité pratique qui les approprie spécialement à la grande culture et aux exploitations éloignées des usines et des ateliers, et qui rend les réparations faciles par le cultivateur lui-même.

La charrue. — La charrue américaine diffère de celle d'Angleterre et de celles des autres pays en ce qu'elle est plus courte et plus compacte. Les pièces de bois qui la composent sont de forme plus simple, faciles à remplacer et à construire. Le soc lui-même est boulonné sur l'avant-corps, et peut être changé de côté quand l'un des bouts se trouve usé. Quand il est tout à fait hors de service, on lui en substitue facilement un de rechange qui se livre avec la charrue, ainsi que quelques autres pièces de remplacement, pour les parties qui se trouvent soumises dans le travail à un frottement assez énergique pour les mettre promptement hors de service. On a d'ailleurs aux États-Unis des charrues de défrichement à quatre chevaux avec versoir en acier poli pour le défrichement des prairies ; des charrues à deux chevaux de diverses formes, suivant la nature du terrain, la charrue à un cheval pour les terres sablonneuses, et la charrue double et sous-sol.

Le semoir à la volée. — Quoique la méthode de semer à la volée demande plus de grain que l'emploi des semoirs, on la suit généralement dans les grandes cultures des États-Unis.

Le travail s'exécute au moyen de tombereaux munis d'un appareil d'une grande simplicité qui distribue le grain avec une parfaite régularité.

La moissonneuse. — La moissonneuse américaine a été exposée à Londres en 1851 et à Paris en 1855. En France comme en Angleterre, elle a obtenu le grand prix d'honneur pour l'agriculture.

L'extrait qui suit du rapport de la commission du jury international qui a dirigé les expériences auxquelles ont été soumises les machines agricoles les plus remarquables, en fera connaître facilement les précieux avantages :

« Nous arrivons à la partie la plus intéressante des instruments agricoles de l'Exposition universelle : nous pouvons dire que les expériences entreprises par le jury ont eu pour résultat de montrer à l'agriculture européenne que le problème de remplacer, pour la moisson, la faucille, la faux ou la sape, instruments qui exigent le bras de l'homme, par des machines conduites par des animaux, est complétement résolu. Au point de vue de la moisson, les machines nouvelles sont plus parfaites que beaucoup de charrues au point de vue du labour. Ce n'est pas à dire que dans toutes les circonstances qu'on voudra supposer la machine remplacera la faux; la bêche n'est pas complétement détrônée par la charrue. La vérité, c'est que désormais il ne sera plus nécessaire d'avoir recours, pour faire la moisson, à des ouvriers nomades, exigeants, imposant insolemment et durement leur loi aux cultivateurs; laissant tout à coup leurs faux inactives si l'on ne double pas leur salaire, alors qu'il n'y a pas d'autre alternative que de perdre tous les fruits d'une année de travail ou d'accepter les conditions de la force brutale. Sous l'action d'une machine de quelques centaines de francs, conduite par deux chevaux et dirigée par deux hommes au plus, la récolte de 5 à 6 hectares de terre sera abattue, les javelles seront formées; il n'y aura plus qu'à lier les gerbes et à mettre en moyettes. On défiera les orages et les pluies prolongées. L'homme a remporté une nouvelle victoire sur la nature.

» Le premier essai public a eu lieu le 2 août ; neuf machines seulement avaient été montées et se trouvaient prêtes à fonctionner. Le programme arrêté consista ; 1° à faire couper par les machines de l'avoine, du blé et une récolte fourragère verte (luzerne), d'abord pour connaître simplement la qualité du travail obtenu, se rendre compte des manœuvres, et apprécier le mécanisme spécial de chacune des machines ; 2° à mesurer le temps employé par ces mêmes machines pour moissonner un hectare d'avoine ou de blé, et pour faucher un pré de luzerne.

» La pièce qui fut moissonnée était une avoine versée en quelques endroits, dans laquelle on avait séparé neuf parcelles par deux traits de faux, de manière que les machines pussent faire le tour de chacune des parcelles, condition exigée des machines.

» La machine Mac-Cormick, des États-Unis, a moissonné dans 17 minutes 1987 mètres carrés, plus vite et mieux que toutes autres machines de ce genre.

» Après ces expériences, les constructeurs ont été invités à venir faucher une luzerne. Les machines américaines ont seules été amenées pour cette opération, et la machine de Mac-Cormick a été jugée avoir eu une légère supériorité.

» Les prix de la main-d'œuvre varient d'un lieu à un autre, et dans la même localité ils changent aussi avec le temps. Nous ne calculerons donc pas en francs

et en centimes le bénéfice produit par les machines
à moissonner, mais nous dirons que, tandis que la
quantité de travail s'élève de 1 à 8, à 10, et même à
13, le prix de revient ne varie guère que de 1 à 3 ou
à 4, c'est-à-dire que l'emploi des machines, outre
qu'il abrégera beaucoup la durée de la moisson, outre qu'il permettra de la faire au moment le plus
propice, aura encore l'avantage de réduire la dépense
à la moitié ou au quart, c'est-à-dire rapportera une
économie variant de la moitié aux trois quarts de ce
que coûte actuellement le fauchage des céréales (1). »

Cette citation une fois faite, il reste cependant
quelques observations à présenter sur la moissonneuse de M. Mac-Cormick.

Le travail de cette machine réclame le concours
de deux hommes, l'un pour guider les chevaux, l'autre pour faire la javelle; ce dernier a aussi sa place
marquée sur la machine, derrière la roue motrice.
Il est continuellement occupé à tirer du tablier, au
moyen d'un râteau, les épis qui y tombent au fur et
à mesure qu'ils sont coupés, et à déterminer de cette
manière la formation de la javelle en dehors de la

______

(1) *Méthode ordinaire*. Moisson de 15 acres (à 40 ares 46),
à 11 fr. 25 c., 168 fr. 75 c.

Avec la moissonneuse. Chevaux et hommes
pendant un jour. . . . . 12 fr. 50 c.

Pour lier 15 acres de céréales
à 3 fr. 13 c. par acre. 46   95   } 59 fr. 45 c.

Différence en faveur de la machine à moissonner pour 15 acres un peu plus de 6 hect.   109   20

(*Page* 6. *Rapport du* IXe *Jury. Exp. Lond.* 1851. MOLL, *rapp.*)

voie parcourue par la moissonneuse. C'est un travail pénible qui ne donne presque jamais de résultats parfaits, alors même qu'il est exécuté avec la dextérité convenable. Le manque de régularité de la javelle formée par ce moyen n'a pas échappé aux appréciations du jury pendant les expériences qui ont été faites en 1856, près de Paris, à l'occasion de l'Exposition spéciale pour l'agriculture. Ce défaut n'est pas le seul : l'engrenage est monté dans un bâti de bois, qui doit, sous l'influence d'un soleil ardent, éprouver quelques dérangements, et doit donner lieu à une pression sur les rouages se traduisant nécessairement en une certaine perte de forces. On a remédié à ces deux inconvénients par l'application d'un râteau mécanique qui remplace les bras du second ouvrier, et qui forme une javelle régulière dont l'alignement est perpendiculaire à l'axe de la roue motrice ; et en second lieu, par la substitution d'un bâti de fer au bâti de bois précédemment en usage.

L'appareil pour faucher a reçu également d'utiles perfectionnements, en sorte que la machine donne maintenant des résultats complets, soit comme faucheuse, soit comme moissonneuse.

La batteuse. — A la grande Exposition de Londres, aucune des batteuses américaines ne s'est présentée pour concourir ; le prix n'a été disputé que par les constructeurs anglais.

Mais à l'Exposition universelle de Paris, une petite machine américaine construite par M. Pitts, de Buffalo, est entrée en lutte contre les lourdes machines anglaises déjà connues et couronnées ;

comme ses rivales, elle était mue par la vapeur, et le premier prix d'honneur, qui lui a été décerné par le jury, témoigne assez de sa supériorité incontestable. Elle avait donné 2,820 kilogrammes de blé dans une heure, en employant une force de huit chevaux de vapeur. Cette machine, quoique si remarquable par les résultats qu'elle a donnés devant le jury mixte, est encore loin d'être parfaite.

La courroie sans fin qui enlève la paille et les grains n'est pas assez large pour remuer la première de telle manière que les grains en soient complétement séparés. Une partie de ces grains, quoique sortie des épis, reste dans la paille.

En examinant les perfectionnements récemment apportés à cette batteuse en Amérique, on reconnaît avec satisfaction qu'il y a déjà un effort heureux pour remédier à cette imperfection.

Le même reproche peut être adressé à l'appareil de nettoyage qui a le plus fixé l'attention en 1856 ; il est trop petit, trop resserré pour la grande quantité de grains dont il est constamment rempli. Le nettoyage reste par conséquent imparfait, et demande un second travail qu'il serait bien plus convenable d'exécuter en même temps que le battage. Mais on est déjà parvenu à corriger ce défaut, et nous connaissons une machine à battre, d'invention américaine, qui remplira toutes les conditions d'un battage et d'un nettoyage parfaits, sans que son poids et son prix de revient en soient beaucoup augmentés.

Le manége. — Là où le combustible manque, on fait le battage mécaniquement, et, au lieu du locomobile, on emploie le manége Tapin, machine aussi simple que pratique, et d'un usage très-étendu en Amérique.

Les Américains ont inventé un grand nombre d'autres instruments que leurs agriculteurs emploient avec succès ; ces instruments, comme presque tout ce que ce peuple produit, présentent un cachet particulier d'utilité pratique ; mais ils ont moins d'importance que ceux qui viennent d'être mentionnés pour les grandes exploitations agricoles, et l'on s'est dispensé pour ce motif de les décrire dans ce court exposé.

APPLICATION DE LA VAPEUR A LA GRANDE CULTURE.

Depuis longtemps déjà la vapeur est employée en Amérique pour le battage des grains ; c'est elle qui donne le mouvement au hache-paille, aux moulins à farine et à la pompe à eau, au coupe-racine, au concasseur, et depuis longtemps déjà on a tenté de l'atteler à la charrue pour le labourage des terres ; mais toutes les tentatives de ce côté-là ont échoué.

Selon nous, une machine à vapeur traînant plusieurs charrues à la fois qui trancheraient le sol horizontalement et verticalement, qui le retourneraient sens dessus dessous, ne donnera jamais de bons résultats pratiques, à cause de la lourdeur d'un tel appareil et de bien d'autres causes encore que le cadre de ce petit ouvrage ne nous permet pas de discuter. Il n'existe pas d'instrument qui, comme une charrue, réponde à toutes les conditions d'un bon labour ; mais le cultivateur ne doit pas ignorer qu'il n'est pas indispensable que le sol soit toujours ainsi retourné sens dessus dessous; que dans maint cas il suffit d'un profond labour qui le déplace, le mêle, le remue, le prépare, en un mot, à recevoir la semence qu'on doit lui confier; et dans ce but, on a fait depuis longtemps déjà une heureuse application de diverses machines aratoires. Guidé par ce fait, quelqu'un a imaginé des *houes à vapeur* qui fonctionnent déjà de manière à faire espérer, après quelques modifications, des résultats avantageux.

Ces modifications consistent à construire ces *houes* en deux parties distinctes et indépendantes l'une de l'autre : 1° Une machine locomobile, 2° une machine rotative qui s'attelle à la première et peut en être détachée facilement pour faire place à la *batteuse* et à d'autres machines servant à d'autres travaux.

La houe à vapeur consiste en un cylindre armé de coutres tranchants auxquels la vapeur imprime un mouvement de rotation très-rapide qui aide beaucoup à la marche de la machine; mais pour que celle-ci conserve toujours une allure régulière, pour qu'elle puisse surtout vaincre tous les obstacles que présente un défrichement, par exemple, on la fera traîner par des chevaux. Il faut encore que la machine soit légère, tout en possédant la force nécessaire aux conditions d'un bon labour, et on doit employer une chaudière légère et d'une construction simple.

La locomobile et la houe sont montées sur des roues tournant dans des cercles à rail qui facilitent leur rotation et empêchent leur enfoncement dans le sol.

Avec cette houe à vapeur servie seulement par

deux hommes et quatre chevaux, plus deux chevaux et un homme pour alimenter le combustible et l'eau, on se propose de labourer en dix heures vingt acres de terrain. Ainsi, en dix heures la *houe à vapeur* labourera vingt acres, qui ne demanderont à la *moissonneuse* pour les couper et les mettre en javelles qu'une journée de travail et environ le même temps à la *batteuse* pour en séparer et nettoyer le grain. Qui ne voit de suite les avantages de cette combinaison de machines dans les fertiles régions de l'Amérique ou de la Russie ?

L'application de la vapeur à la navigation, au transport des marchandises, aux voyages en chemins de fer, à toutes les industries en un mot, a déjà donné dans ce siècle des résultats merveilleux, mais ils seront, ce nous semble, bien au-dessous de ceux qu'elle est appelée à produire dans l'agriculture pour le bien-être de l'humanité en général.

LES CHEMINS DE FER DE L'AMÉRIQUE DU NORD.

Le colon américain, favorisé par la bonté du climat et par la fertilité d'un sol susceptible de donner des produits variés et d'excellente qualité, sachant s'aider partout d'ingénieuses et puissantes machines, a l'avantage de pouvoir livrer ses produits à très-bon marché. Mais ces richesses étaient menacées de rester inutiles dans des régions si éloignées de tout marché, de tout centre de commerce. Pour assurer les écoulements de ses produits, il s'est occupé d'abord d'organiser des transports par eau pour les établissements situés près des fleuves ou des rivières: mais les établissements de l'intérieur et éloignés des fleuves exigeaient des moyens plus dispendieux, et il a établi sans hésitation ces réseaux gigantesques de chemins de fer qui offrent, sans contredit, le moyen le plus efficace d'aider aux progrès et au développement de l'agriculture dans les régions les plus éloignées des grands centres du commerce. Aujourd'hui des chemins de fer sillonnent les États de l'Union dans toutes les directions, et l'on estime que la longueur totale de leur parcours est à peu près égale à celle de l'ensemble de toutes les lignes européennes.

Diverses causes ont contribué à un si magnifique développement. Les Américains ont eu soin d'abord de rejeter tout luxe inutile de construction, et de se borner au juste nécessaire; ensuite la configuration de terrain a permis de réduire la dépense des travaux de terrassement sur les routes de l'Ouest à une moyenne d'environ 4,000 dollars (1) par mille (2). Dans ces conditions, on estime que toutes les dépenses d'une ligne ferrée bien complète ne s'élèvent pas à plus de 20,000 dollars par mille anglais. Outre cela, des concessions considérables de terres ont été faites par le Congrès pour faciliter l'établissement des lignes qui traversent les territoires du gouvernement. La presque totalité de ces lignes a été exécutée par des associations particulières qui se sont formées spontanément dans le but de faciliter l'écou-

---

(1) Un dollar égale 5 fr. 25 cent.
(2) Un mille anglais égale 1 kil. 6093.

lement des produits et de favoriser les intérêts
respectifs des contrées qu'elles traversent. Les
chemins de fer de l'intérieur des États-Unis, bien
qu'imparfaitement établis, remplissent très-bien leur
but, qui est de faciliter les transports des denrées
vers les grands marchés. Quelques heures, quelques
jours même de retard, ne sont plus dans ce cas
d'une grande importance; il suffit que les produits
arrivent au marché en bonne saison, et que le colon
en soit débarrassé en temps opportun.

Aux yeux des ingénieurs européens, ce système
peut paraître défectueux en bien des points; il ne
présente point aux yeux des voyageurs ce luxe, cette
élégance qu'on rencontre sur les lignes de chemins de fer européens. On n'a pas dépensé, comme
dans l'ancien monde, des sommes fabuleuses pour
l'érection de ces monuments gigantesques si connus
sous les noms de débarcadères, de stations intermé-
diaires, de viaducs pittoresques. Les Américains se
sont bornés modestement à adapter les chemins de
fer aux circonstances et aux ressources des contrées
qu'ils traversent.

Quand les États qui occupent la vallée du Mississipi auront atteint un chiffre plus élevé de population, quand leur commerce aura besoin de se
développer sur une échelle plus grande, il sera temps
alors d'établir de doubles lignes, et de mettre leur
organisation plus en harmonie avec les nouveaux
besoins. On pourra alors faire quelque chose pour
plaire à l'œil et pour ajouter quelques palmes à la
gloire du génie créateur de l'homme.

TRANSFORMATION DES PRODUITS AGRICOLES.

Nous avons constaté les produits les plus importants de la grande culture de l'Ouest; ce sont : le froment, le maïs et le foin.

Le froment est exporté en grains et surtout en farine fabriquée dans ces fameux moulins américains qui ont servi, depuis leur établissement, de modèle dans tous les pays. Ces usines se trouvent placées le long des canaux et des chemins de fer qui s'étendent de l'océan Atlantique ou du golfe du Mexique jusqu'au centre de l'Union. Elles sont établies de manière que tout le travail s'exécute par la force des machines (1).

Les grains sont déchargés des bateaux ou des wagons dans un local inférieur où on les pèse; de là, ils sont hissés mécaniquement, sans aucun aide de l'homme, vers les étages supérieurs du moulin, d'où

---

(1) *Auvergne-Mill* à Newsbury, État de New-York, n'emploie que six hommes pour produire 17,000 barils de farine par an. Le moulin de Haxall, à Richmond, État de Virginie, fait mouvoir dix-huit paires de meules de cinq pieds et demi de diamètre pour la mouture des grains, et trois autres paires servant au nettoyage. Ce moulin produit 700 barils de farine par jour. On voit à Rochester, État de New-York, vingt grands moulins qui mettent en action cent paires de meules, et dans les environs de la ville de Baltimore, soixante moulins du même genre. Cette ville de Baltimore est devenue le plus grand marché de farine du monde. — *Fleischmanns Erwerbszweige, Fabrikwesen und Handel der Vereinigten Staaten.* Stuttgart, 1850, Kœhler.

ils passent dans la nettoyeuse, puis sous les meules. Les farines produites par leur action sont amenées de la même manière dans le blutoir, puis dans le *refroidisseur*, pour tomber enfin dans de petits tonneaux où la farine est soumise à une pression mécanique convenable ; les tonneaux ou barils sont alors fermés, marqués, pesés et expédiés sur tous les grands marchés du monde (1).

Les farines américaines sont avantageusement connues sur les marchés européens, où, en bien des occasions, elles ont suppléé au manque de récoltes locales.

Le maïs et le foin n'entrent point, en raison de leur volume, dans les articles d'exportation ; aussi le cultivateur s'attache à les convertir en des produits plus susceptibles de devenir l'objet de transactions commerciales.

Le maïs est principalement employé à engraisser des porcs, le foin à élever et engraisser d'autres animaux. On donne aux premiers le résidu des distilleries de maïs, des champs entiers remplis de maïs, et du maïs mûr écrasé ou concassé.

Le nombre des porcs s'élève dans les États-Unis à un chiffre moyen de 45 millions (2) ; la plus grande partie se trouve dans la magnifique vallée du Mississipi : là aussi ont été établis en grand nombre des distilleries et divers établissements où l'on élève, engraisse, tue, sale, fume et encaque les porcs engraissés.

---

(1) Le baril contient 196 livres (90 kilog.) de farine.

(2) Mac Gregor porte le nombre des porcs de toute l'Europe à peu près à 45 millions (*Commercial Dictionnary*).

Il y a des distilleries où l'on engraisse annuellement de 500 à 4,000 porcs. Ces animaux sont achetés maigres, d'un poids de 100 livres environ, et atteignent le poids de 300 livres et plus.

Telle distillerie qui engraisse 500 porcs par an consomme par jour 60 bushels de maïs, dont on retire 240 gallons d'eau-de-vie : les résidus, comme on l'a dit plus haut, sont donnés aux porcs. Dix mois suffisent à ces animaux pour atteindre leur maximum de poids ; mais trois semaines environ avant de les conduire à l'abattoir, on leur distribue une certaine quantité de maïs concassé.

Dans ces distilleries, tous les travaux se font par la vapeur. C'est cette force qui imprime le mouvement à la machine à égrener ; c'est elle qui fait tourner la meule pour moudre le grain, qui chauffe l'eau nécessaire à la préparation du maïs avant la distillation : tout ce travail n'exige qu'un chauffeur, deux hommes occupés tant à la meule qu'à l'alambic, et trois manœuvres.

Lorsque les cultivateurs ou les éleveurs ne se trouvent pas à proximité du marché, ils vendent leurs porcs sur place, ou bien ils les y conduisent eux-mêmes, vers le commencement de novembre, par petites journées.

Cincinnati est le plus grand marché du monde pour les porcs ; on y compte plusieurs abattoirs où les porcs sont tués et nettoyés à l'aide de la vapeur, transportés ensuite dans des établissements où on les dépèce, les sale, les fume et les met en barils.

Plusieurs de ces établissements ont des succursales où l'on fume des jambons qui sont préparés préalablement avec du sucre; pour les garantir des mouches et de toute autre cause de détérioration, on a soin de les envelopper soigneusement dans de la toile de coton revêtue d'une couche de chaux.

Une autre branche très-importante de cette industrie, c'est la préparation du saindoux, qui forme un important article d'exportation.

Il y a à Cincinnati un établissement qui s'occupe exclusivement d'extraire la graisse de l'animal entier, moins les jambons. L'animal, dépouillé de ces dernières parties, est introduit dans de grands vaisseaux de forme ronde et fermant hermétiquement, dans lesquels on fait entrer la vapeur à une pression de 70 livres par chaque pouce carré. Sous une pareille pression et à cette température, toute la graisse de l'animal est promptement séparée; on la soutire par un robinet, et le résidu est formé en pains ou masses compactes; les os sont tout à fait réduits à l'état de poudre; ces divers résidus entrent dans la composition des engrais. On traite par an 36,000 porcs de cette manière.

L'huile de lard est une autre branche d'industrie, qui, depuis dix ans, a pris un grand développement. Il y a à Cincinnati seulement au moins trente fabriques de cette huile, qui consomment 40 millions de livres de lard, produisant annuellement 24,000 barils de 400 gallons chacun.

L'huile de lard est employée dans la falsification de l'huile de baleine, et en France on la mélange même à l'huile d'olives.

Les résidus de la fabrication de l'huile de lard, la stéarine, entrent dans la composition des bougies; dans ce but, on les soumet à une forte pression hydraulique; ils donnent environ 3/8 d'oléine, que l'on utilise dans la fabrication du savon.

Cincinnati produit journellement 30,000 livres de bougies de stéarine, et une prodigieuse quantité de savon de toutes qualités.

Des pieds de porc on retire de la colle forte; le sang entre dans la fabrication du prussiate de potasse que l'on emploie dans les teintureries. Avec divers résidus des abattoirs et d'autres établissements appartenant à cette industrie, on fait le bleu de Prusse, et les crins sont vendus aux fabricants de brosses.

Tant d'opérations diverses occupent une foule de bras, et sont l'objet d'un commerce qui ne fait que grandir d'année en année. Cincinnati tue et livre annuellement au commerce plus de 350,000 porcs gras d'un poids moyen de 300 livres. La ville de Chicago, dans l'Illinois, présente un autre marché de ce genre et d'une grande importance.

Dans toutes ces grandes exploitations agricoles, le lait n'entre pas pour ainsi dire en ligne de compte: il ne sert qu'aux besoins domestiques. La race bovine n'est estimée que pour sa viande. Les États-Unis ne possèdent pas d'ailleurs une race bovine indigène et distincte; les bœufs qu'on y élève sont le résultat de diverses importations.

Les Anglais, les Hollandais, les Français, les Espagnols, y ont amené leurs races, qui, avec le temps, se sont mêlées et confondues, au point de ne conserver ancune trace distincte de leur origine. Dans ces derniers temps toutefois, on a fait venir d'Angleterre les meilleures races de Durham, d'Herford, d'Ayr et de Devons; les premières surtout, à cause de leur croissance rapide et de la facilité avec laquelle on les engraisse, se trouvent en grand nombre dans les riches pâturages des États du Kentucky, de l'Ohio et d'Indiana. Elles fournissent les plus belles viandes pour la consommation dans les grandes villes. Les animaux de race mixte sont amenés sur les grands marchés de Cincinnati et de Chicago, où ils sont abattus, salés, et de là exportés pour l'usage de la marine américaine et anglaise.

On élève les moutons, dans les plaines de l'Ouest, principalement pour leur laine, qui ne suffit pas à l'alimentation des fabriques du pays (1). Une quantité considérable de laines communes y est importée de l'étranger.

Quant aux vieux moutons, on les abat, et après en avoir enlevé la peau, on traite la carcasse et les chairs pour en extraire la graisse par le procédé que nous avons indiqué en parlant des porcs.

APPROPRIATION A LA RUSSIE DU SYSTÈME DE GRANDE CULTURE AMÉRICAINE.

Le maïs joue le rôle le plus important dans la grande culture américaine. Cette plante est pour les habitants de l'Union ce qu'est le riz pour les Hindous.

---

(1) Voyez *Fleischmann's Report on wool official Document of United States Congress* 1847.

Elle a été tirée des régions tropicales, et demande, depuis sa plantation jusqu'à sa maturité, une température élevée qui est précisément, pour cette période de l'année agricole, le caractère distinctif du climat des États-Unis. Les étés sont en effet très-chauds sur toute l'étendue du territoire, y compris même les frontières du Canada, où le thermomètre de Fahrenheit indique en juillet une température moyenne de 68 degrés. En Europe, les régions propres à la culture du maïs ne s'élèvent pas autant vers le nord que dans les États de l'Union. Elles ne comprennent, sans parler de la France et de l'Italie, que les parties méridionales de l'Allemagne, de la Hongrie ainsi que de la Russie.

C'est par la facilité de sa culture, par son rendement considérable et sa richesse en principes nutritifs, que le maïs mérite d'autant plus l'attention spéciale des cultivateurs de tous les pays, qu'on peut encore espérer de l'acclimater dans les régions plus septentrionales de l'Europe, en faisant les choix de cette variété précoce qui réussit si bien dans le nord de l'État de New-York et dans le Canada.

Les divers usages auxquels on emploie cette céréale en Amérique pourraient être facilement adoptés par les cultivateurs russes. Quant au mode de culture le plus usité aux États-Unis et, en un mot, au traitement général du maïs, on pourra consulter l'ouvrage écrit en allemand et intitulé : *Le cultivateur américain* (1).

---

(1) *Der Amerikanische Landwirth*, bei Ch. L. Fleischmann, New-York und Frankfurt am Main, 1847.

4.

Dans les États de l'Amérique où le maïs ne parvient pas à sa complète maturité, on cultive le seigle à titre de substance alimentaire. Mais ce seigle, soit à l'état d'herbe, soit à l'état de maturité, est consommé sur pied par des porcs. Cette pâture les engraisse vite, et rend leur chair aussi fine que délicate.

Dans les régions centrales de la Russie on pourrait aussi cultiver avec avantage des féveroles semées avec des pois. Ces plantes légumineuses sont d'un bon rendement, contiennent beaucoup de principes nutritifs, et remplacent le maïs dans les rotations.

La culture du froment est moins favorisée par le climat de l'Amérique du Nord. La Russie, sous ce rapport, est bien mieux partagée ; lorsque le cultivateur russe, adoptant des assolements plus rationnels, donnera aussi plus de soin à ses cultures, et qu'il prendra pour auxiliaires les machines énergiques dont l'emploi est indiqué dans les chapitres qui précèdent, il parviendra facilement à donner à la production du froment un degré de développement qu'aucune autre partie du monde ne saurait atteindre, si on s'attache en même temps à employer les meilleurs moyens de transformer une grande partie de ce blé en bonne farine, afin d'en faciliter le transport et l'exportation. Dans cette hypothèse, il serait de la plus haute importance pour l'agriculture de la Russie de ne fabriquer que des farines de première qualité. Elle devrait s'attendre, en effet, à rencontrer sur les grands marchés du monde les produits très-estimés de cette nature. Ce n'est qu'en offrant des denrées irréprochables et d'un prix moins élevé qu'elle pourrait entrer en concurrence avec les producteurs des autres pays.

Pour obtenir ces résultats, il faudrait nécessairement adopter l'emploi des grands moulins mécaniques américains, qui produisent à bon marché d'excellentes farines. Ces usines devraient, autant que possible, être établies près des chutes d'eau, de manière à pouvoir utiliser cette force motrice naturelle pendant la belle saison. Pendant l'hiver, on se servirait de la vapeur pour continuer les opérations. Il est à considérer enfin que la Russie possède l'avantage d'un climat froid et sec, qui convient beaucoup mieux au transport des farines que les climats plus chauds et plus humides.

Les Américains ont porté tous ces procédés d'industrie à un haut degré de perfectionnement. On ne saurait mieux faire que de suivre leur exemple.

Dans l'intérieur des États-Unis, on transforme en amidon une grande quantité de froment. Cette branche d'industrie mérite beaucoup plus d'attention qu'on ne lui en accorde jusqu'à présent. Elle présente deux avantages : le premier est de réduire le produit des récoltes à un très-petit volume, le second de donner une denrée qui s'altère peu dans l'état pur et sec, et qui peut être conservée fort longtemps. Ces qualités facilitent singulièrement le transport à de grandes distances et la conservation d'une substance aussi utile.

Le cultivateur américain s'attache en effet, et avec toute raison, à trouver les moyens les plus efficaces

de réduire sur place le volume de ses gros produits
agricoles et de les transformer, autant que cela est
possible, en denrées d'un facile transport. Il va
sans dire qu'un de ses principaux moyens est le soin
d'élever et d'engraisser un grand nombre d'animaux
des espèces bovine, porcine et ovine. Il observe
encore dans cette branche de l'économie rurale le
principe fondamental et si précieux de donner la
préférence aux espèces que l'expérience lui signale
comme pouvant rendre, dans les circonstances locales
où il se trouve, les plus grandes quantités de viande
au prix de peu de travail et de la moindre consommation de matières nutritives. Par l'ensemble de ces
moyens, il se crée la possibilité d'être en concurrence avec les éleveurs plus rapprochés que lui des
grands marchés au centre de consommation. Guidé
par ces règles, il porte toute son attention sur le
choix des meilleures espèces qui peuvent convenir au
climat et aux besoins de son pays.

C'est ainsi qu'il a fait venir de la Chine, de la Russie, de la Hongrie, d'Angleterre, les meilleures espèces porcines, les plus précoces et les plus faciles à
engraisser. Il a importé les meilleures races de l'espèce bovine d'Europe et d'Asie. On trouve aux États-
Unis le zébu, le buffle, le murzthal, les longues
cornes de Hongrie et toutes les espèces si vantées de
l'Angleterre. L'Américain est allé chercher dans
toutes les parties du monde les variétés les plus re-
nommées de l'espèce ovine. Les chèvres d'Angora,
le lama, le chameau même, paissent dans les prairies
du Texas, où ces derniers servent au transport du

commerce et même de l'armée à travers les terres sablonneuses qui se trouvent sur la frontière du Mexique.

Le nombre des porcs élevés annuellement aux États-Unis est égal à celui que peut offrir l'Europe tout entière. On y compte jusqu'à un porc et demi pour chaque habitant; tandis qu'en Russie, d'après des renseignements qui semblent récents, on ne trouve qu'un seul porc par cinq habitants.

Le nombre des bêtes à cornes est aussi très-considérable aux États-Unis; les marchés y sont toujours bien fournis de viandes excellentes, provenant des meilleures espèces anglaises. Le surplus de la production est salé et exporté sur le marché européen, où la viande devient plus rare d'année en année, par suite de plusieurs faits économiques, parmi lesquels il faut citer pour quelques contrées l'extension de la petite culture, qui est loin de favoriser l'élève des bestiaux; l'augmentation générale de la population; celle de l'aisance et surtout celle de la consommation de la viande par toutes les classes, particulièrement dans les grandes villes de l'Europe.

C'est à la Russie, le pays aux vastes plaines fertiles, bien moins éloignée que l'Amérique des grandes contrées de consommation, qu'il appartient de combler ce déficit. C'est à tort qu'on opposerait comme un obstacle à l'accomplissement de cet objet les grandes distances et le manque de voies de transport. Les plaines fertiles de l'Amérique sont aussi très-éloignées des ports d'embarquement. Le distance de l'intérieur des États de l'Ouest à New-York ou à la

Nouvelle-Orléans est énorme, elle dépasse parfois mille milles anglais. Ces faits suffisent pour établir tout ce que peut à cet égard l'activité de l'homme. Il est hors de doute que les fleuves et les rivières, les chemins de fer et les canaux, facilitent beaucoup le transport des produits agricoles; mais il ne faut pas perdre de vue que des régions étendues ne jouissent pas de ces avantages naturels ou artificiels, et que les éleveurs sont obligés de conduire leurs troupeaux à pied jusqu'aux ports d'expédition. Pour remédier à cela, on a préparé, de distance en distance, sur les routes qu'ils parcourent, des établissements spéciaux qui fournissent les fourrages ou les pâturages et les abris nécessaires à leurs troupeaux.

Les propriétaires de troupeaux dans l'intérieur de la Russie pourraient adopter des dispositions semblables, et s'associer au besoin pour établir sur les routes principales des stations pourvues de tout ce qui serait nécessaire et confiées à la garde de quelques hommes intelligents qui parviendraient facilement à tirer bon parti de leur position.

L'industrie américaine a d'ailleurs bientôt reconnu la nécessité de créer au bout de ces longues routes, à portée d'un fleuve ou d'un chemin de fer, des établissements spéciaux destinés à faciliter la préparation, la salaison et l'expédition en barils des viandes et à servir en même temps de centre aux diverses branches qui se rattachent à cette immense exploitation. Quant au soin pour diriger ces denrées sur les points les plus convenables, il est abandonné à l'intelligence et aux connaissances pratiques du commerce ordinaire. Le succès de ces entreprises dépend entièrement de la qualité de la viande. Il faut avant toutes choses des animaux bien nourris, gras, sains, et une grande propreté dans toutes les opérations de l'abattage comme de la préparation. Les cultivateurs de la Russie ne devront surtout jamais perdre de vue qu'ils auront à soutenir dans ce genre de commerce la concurrence des Américains, qui se distinguent parmi toutes les nations par l'attention soutenue, par l'esprit pratique qu'ils apportent dans la gestion de leurs affaires commerciales ou industrielles.

Les laines de la Russie sont déjà bien connues dans le commerce; il serait facile de leur faire atteindre un plus haut degré de perfectionnement.

Toutes les améliorations que nous venons d'indiquer ne demanderaient pas de grands changements dans les systèmes de culture actuellement en usage dans la Russie. Il ne s'agit pas, en effet, comme en Amérique, de s'occuper à la fois de défricher des terres restées vierges depuis leur formation, d'introduire dans le pays les animaux domestiques nécessaires, de créer enfin toute une civilisation. En Russie tout est commencé, tout existe déjà. Il n'y a qu'à améliorer, à développer de puissants germes de prospérité. Quelques perfectionnements dans le système des assolements, plus de soins dans le traitement des animaux, la création de puissants moulins à farine, d'abattoirs et de diverses usines pour les produits agricoles, dont l'Amérique fournit des exemples si remarquables, et de nouvelles voies de communication,

suffiraient pour vivifier le pays en y développant de
nouvelles sources de richesse. Cette tâche est réservée
aux propriétaires des grands domaines; il leur faut
seulement une ferme volonté, une persévérance intelligente pour vaincre les obstacles, et ils réussi-
ront ainsi à servir à la fois leurs intérêts et ceux de
leur patrie.

Le gouvernement russe a pris sur cette question
la plus intelligente initiative. Il s'est proposé de
remplir deux grandes tâches, qui tendent également
à donner à la prospérité de l'agriculture russe des
bases inébranlables. Il a projeté, encouragé et commencé l'exécution d'un réseau de chemins de fer qui
doit pénétrer dans le cœur de l'empire, en relier
toutes les parties, et faciliter grandement l'écoule-
ment des produits. Il a résolu d'émanciper tous les
paysans et de ne plus s'appuyer que sur le travail libre
de ses sujets. Il comprend sans aucun doute que le résultat de cette grande mesure ne se borne pas à faire
jouir chaque homme d'une sorte de liberté matérielle;
c'est l'âme aussi, c'est l'intelligence humaine qui re-
prend toute sa liberté et acquiert par l'exercice de
ses propres facultés l'énergie nécessaire pour mener
à bien les plus grandes entreprises, pour surmonter
tous les obstacles à un progrès incessant. L'influence
de cette mesure sur le développement de l'agriculture sera immense. On doit prévoir cependant que
l'émancipation entraînera des déplacements parmi
les travailleurs agricoles. Les effets regrettables de
ces changements se feront sentir surtout au moment
de la récolte. Les bras pourront manquer sur quel-

ques points dans certaines circonstances. Cet inconvénient ne sera que temporaire, si la Russie fixe son attention sur l'avantage de s'approprier les services de ces puissantes machines agricoles qui remplacent si efficacement les bras de l'homme en Amérique.

Le gouvernement impérial continuerait lui-même à remplir sa haute mission s'il s'attachait, dans la prévision de ces embarras momentanés et aussi dans l'intérêt de l'avenir, à encourager les usines, l'érection d'établissements spéciaux pour la construction et pour la propagation des meilleures machines agricoles.

Ces importants ateliers auraient nécessairement pour règle fixe de ne construire que d'après les modèles les plus perfectionnés, de ne livrer à l'agriculture que de bons et utiles instruments, et de s'efforcer cependant à maintenir le prix au taux le plus modéré. Il sera même très à propos d'employer pour ces constructions les outils et les machines dont les Américains se servent pour travailler le bois et les métaux.

On parviendrait ainsi à donner aux instruments agricoles, tout en restant dans les conditions indiquées plus haut, cette perfection qui est indispensable à leur solidité et même à leur bon usage.

Les grands propriétaires russes qui voudront diriger l'exploitation de leurs vastes domaines auront besoin, dans cette hypothèse, d'hommes capables de conduire, de réparer les instruments agricoles nouvellement introduits. Il sera très-utile, dès lors, de donner aux ouvriers russes qui désireront se vouer à cette occupation les moyens d'apprendre leur état.

Les ateliers de construction seront tout naturellement leur école. C'est là aussi qu'ils pourront aller acquérir les connaissances nécessaires pour conduire, réparer et tenir en bon état les machines à vapeur de l'agriculture. Il faut ajouter à ce sujet que si l'usage de ces machines n'est pas aussi universellement répandu en Russie qu'aux États-Unis, ce n'est pas du moins pour le pays un système presque inconnu. Dans tous les ateliers de chemins de fer et dans d'autres établissements industriels de la Russie, la vapeur est employée comme force motrice, et les hommes qui se destinent à la profession de chauffeur pourront aller acquérir dans ces divers ateliers, comme dans ceux de machines agricoles, les connaissances qui leur sont nécessaires.

L'application de la vapeur aux instruments à labourer la terre est de la plus haute importance pour les pays qui possèdent, comme la Russie, de grandes étendues de terres à exploiter avec un soin toujours croissant. Il est, sous ce rapport, de l'intérêt bien réel des grands propriétaires russes d'encourager tous les essais, toutes les entreprises de ce genre, surtout depuis que la possibilité de la culture par la vapeur se trouve constatée par des faits; il ne reste plus qu'à y apporter un matériel d'exécution, quelques derniers perfectionnements qui demandent sans doute des études sérieuses, mais peu de dépenses. C'est ainsi que le succès complet de la moissonneuse a dépendu d'une simple modification dans les dents de la scie. M. Mac-Cormick a changé l'angle des dents de la scie qui était déjà employée, et la machine est devenue un des instruments les plus avantageux et les plus importants que possède l'agriculture.

Le succès complet de la houe à vapeur dépend absolument de la forme à donner aux coutres ou socs, afin qu'après avoir tranché le sol, ils puissent le retourner convenablement. Cette disposition est encore à trouver, mais elle le sera peut-être incessamment. S. M. l'Empereur des Français Napoléon III, convaincu de la possibilité et de l'importance de l'application de la vapeur au labourage, se plaît à encourager toutes les idées qui tendent vers ce but, et dans ce moment même deux instruments aratoires de ce genre se construisent à Paris et à ses frais. L'un de ces instruments est une pioche à vapeur, l'autre une houe à vapeur. Il y a tout lieu d'espérer que leur premier essai aura lieu dans quelques semaines.

En Russie il y a certaines régions où, en raison du manque de combustible ou de sa cherté, l'emploi de la vapeur n'est pas possible, ou se trouve restreint; mais ce cas est assez rare, et on peut avancer que dans la plus grande partie du pays le combustible est assez abondant pour que le puissant auxiliaire de la vapeur soit avantageusement employé.

Résumons-nous en peu de mots. Nous avons exposé les instruments et les machines que les Américains ont appliqués avec tant de succès aux produits de l'agriculture et de l'industrie. Leurs résultats, aussi importants que féconds, sont constatés par l'expé-

rience de plus de vingt ans. Ce doit être pour les autres peuples, et surtout pour la Russie, une leçon et
un motif d'émulation. Jamais les circonstances n'ont
fait un appel plus énergique aux efforts et à l'intelligente initiative de ses grands propriétaires. Ils ont
de vastes terres dont il faut tirer le meilleur parti.
Qu'ils entrent avec résolution dans la voie des perfectionnements et des innovations utiles. Qu'ils agran-
dissent la culture des céréales qu'ils possèdent déjà,
qu'ils introduisent celles qui sont à peine connues,
qu'ils appliquent surtout les instruments et les machines dus au génie pratique des Américains, et le
résultat certain, c'est qu'ils verront s'accroître et
s'améliorer dans une proportion rapide la masse de
leurs divers produits agricoles. Mais ce n'est pas
tout, et un autre progrès en résultera.

Le besoin de faire de ces productions la base des
plus utiles échanges donnera en même temps au
commerce une vive impulsion, et provoquera au
préalable l'établissement de ces nombreuses branches
d'industrie qui se lient étroitement à l'agriculture
pour en élaborer et transformer les produits. On
verra surgir partout les abattoirs, les moulins à farine et à huile, les fabriques d'huile de lard, de
savon, de bougie, d'amidon; les sucreries qui emploient la betterave ou le sorgho, les brasseries, etc.
Ces nombreuses usines, les chemins de fer et la
grande culture elle-même emploient la force de la
vapeur; tout le pays aura incessamment sous les
yeux les merveilleux exemples de l'application de
cet inépuisable supplément des forces humaines, et se

trouvera bientôt en état d'en tirer par lui-même tout le parti possible. Ce mouvement, cette nouvelle vie industrielle procurera aussi de nombreux débouchés aux richesses minérales et forestières de l'empire. Tout se tient, tout s'enchaîne, tout se développe en même temps, quand le gouvernement et l'élite d'une nation savent marcher et diriger les forces actives du pays dans la voie du progrès, basée sur une entière liberté d'action et de travail.

C'est ainsi qu'une nouvelle ère commencera pour la Russie et qu'elle prendra un des premiers rangs parmi les nations productives. L'honneur en reviendra presque tout entier à la grande et noble mesure de l'émancipation des serfs. Car, d'un côté, cette émancipation doit amener inévitablement les grands propriétaires à introduire dans leurs domaines les améliorations dont les pages qui précèdent ont fait ressortir la grande importance ; de l'autre, les travailleurs, devenus complétement libres, relevés par le sentiment de leur indépendance, comprenant qu'ils peuvent enfin aspirer à toutes les jouissances, fruits d'un travail heureux et intelligent, enflammés dès lors d'une généreuse émulation, donneront bientôt des preuves d'une régénération complète. L'instruction se répandra dans les masses, et les travailleurs russes, se mettant à la hauteur des hommes libres des nations les plus avancées, finiront par les égaler par leur intelligence, leur énergie et leur activité. Le génie particulier de ce peuple apparaîtra dans tout son éclat; des inventions, des industries nouvelles, appropriées au climat comme aux besoins de la Russie, naîtront de ce grand mouvement des esprits, et contribueront considérablement à élever la puissance agricole, industrielle et commerciale de cet empire, à un point que les générations actuelles ne sauraient entièrement prévoir.

FIN.

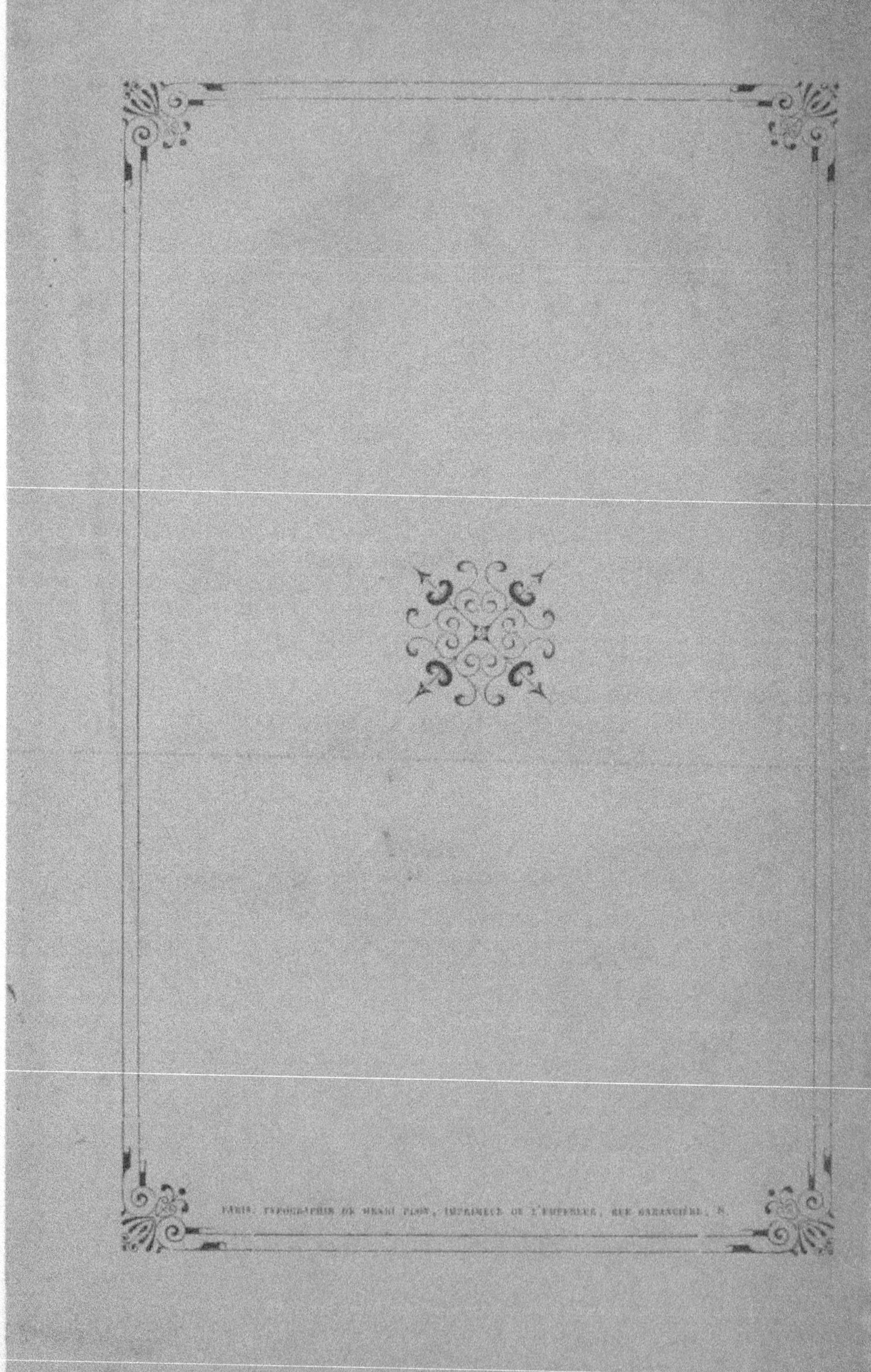

PARIS. — TYPOGRAPHIE DE HENRI PLON, IMPRIMEUR DE L'EMPEREUR, RUE GARANCIÈRE, 8.